锦绣公厕

城市公厕设计范例图集

JINXIU GONGCE

CHENGSHI GONGCE SHEJI FANLI TUJI

主　编　石文红

U0199631

中国城市出版社

CHINA CITY PRESS

本书编委会

顾　　问：杜　敏　　胡一峰
名誉主编：李玉升　　乔卫东
　　　　　赵才顺　　刘官虎
　　　　　黄玉林　　王平珍
主　　编：石文红
副 主 编：安一清　　巨文俊
编　　委：张国锋　　崔　勇
　　　　　鹿剑英　　王成江
　　　　　席志宏　　曹剑飞
　　　　　杨嘉斌　　王纹瑶

摄　　影：范鹏力

中国公厕第一品牌
DIBAI GUOJI
ZUIJIA FANLIJIANG

2013年3月6日，中国公厕品牌创建者、临汾市市长助理、住房和城乡建设局局长宿青平，应邀出席联合国第九届"迪拜国际最佳范例奖"颁奖大会，捧回中国公厕第一个"全球十佳"的奖杯。

2011年，临汾公厕获"中国人居环境范例奖"

2011年，在第11届世界厕所峰会上，临汾公厕获两项世界厕所设计奖

2016年，临汾获"中国公厕品牌示范城"称号

山西省全面推广临汾公厕建设管理经验

全国各地参观考察临汾公厕

临汾公厕成为广大市民最满意的公共卫生设施

临汾市市长助理宿青平检查公厕设施材料

临汾公厕品牌创建者、市长助理宿青平现场研究公厕设计方案，指导公厕建设

临汾市住房和城乡建设局局长杜敏检查公厕施工现场

公厕设计人员现场跟踪公厕建设施工

临汾市建筑勘察设计院公厕设计专业组研究公厕设计方案

雕塑艺术使公厕成为充满
文化气息的城市景观

绿色环境让公厕变为市民
方便舒心的休闲之所

前言 QIANYAN

临汾市位于黄河之滨、山西南部，总人口 450 万，市区人口 60 万。长期以来，由于公厕建设滞后，"如厕难"一直是困扰市民的难言之忧。

2008 年，临汾公厕革命推动者、市长助理、住房和城乡建设局局长宿青平提出打造"方便之城"的民生理念，从 4 座公厕示范起步，启动实施城市标准化公厕工程，拉开了城市民生领域"公厕革命"的序幕，并将公厕工程向全市 17 个县市（区）全面推进，一条公厕标准化、城市化、人性化、公益化之路在临汾全面铺开。

连续八年，临汾市区新建标准化公厕 86 座，并建成全国公厕品牌第一街，基本实现"路路有公厕，街街能方便"。各县市新建标准化公厕 250 多座，全市标准化公厕总量达 330 多座，根本解决了市民"如厕难"的问题。市区 86 座公厕总面积达 9800m²，厕位总量 1800 个，日均接待 20 万人次，全年接待量达 7000 万人次。临汾公厕昼夜开放，免费服务，高标准的建设和管理水平，已成为市民和游客最满意的公共卫生设施。先后荣获"中国人居环境范例奖"、"迪拜国际最佳范例奖"、"中国城市品牌十大范例奖"、"中国公厕品牌示范城"称号。

公厕是城市中最小的公共设施，由于被长期忽视，公厕设计自然也摆不上应有的位置。随着临汾"公厕革命"的启动，公厕设计第一次被设计部门作为一项专业课题进行深入研究。根据宿青平同志提出的"优先选址，人性设计，标准建设"的品牌理念，临汾市建筑勘察设计院专门组建了公厕设计组，确定专人承担了市区及有关县市公厕设计的主要任务。设计成果先后获世界"公厕设计奖"，全国"最美公厕奖"、"最佳科技奖"等多种奖项，总结临汾公厕设计的经验，主要坚持了以下原则：

一、优先选址，因地制宜。为破解城市公厕选址难题，坚持"公厕优先"、"见缝插针"、"方便百姓"的原则，把公厕建在街道、广场、公园、商业、居住区的显要位置，根据服务半径和人流状况，一切空闲地段和有关设施优先向公厕让位。因每一处选址场地的空间、环境不同，每一座公厕的设计都要根据每个地块的具体情况进行平面和结构布局，充分有效利用土地，满足方便市民如厕秩序。

二、一厕一型，建筑精品。打造精品建筑是公厕设计理念的重大变革，根据不同区位的空间和环境要求，坚持一座公厕一个造型，一座公厕一种特色，一座公厕一个主题，一座公厕一个风格。使建筑外观造型具有独特的地域性、主题性和识别性，把每一座公厕都打造成城市的精品建筑，形成特色鲜明的建筑景观和公厕品牌。

三、实用宜人，规范标准。把国家现行公厕标准规范与场地现状相结合，合理确定建筑面积、功能分区、蹲位设置、设施配套、材料标准以及管线布置等，力求达到经济实用、方便宜人、节能环保、防损耐用，尤其在卫生设施和材料选用上坚持高标准配置，以提高公厕设施防水、防腐、防火、防涂的安全性能和美观效果。

四、突出文化，改善环境。"建设一座公厕，改善一片环境、突出一种文化、方便一方百姓"是临汾公厕设计的重要方针。在强调公厕文化的基础上，重在把建筑设计与环境设计相结合，通过绿地、雕塑以及美化、亮化等，使公厕环境成为城市中美观宜人的市容风貌，既满足市民如厕之需，又营造出吸引市民休闲的环境。

临汾公厕设计是根据公厕建设要求，并与公厕建设紧密联系、相互促进的设计尝试，也是设计部门关注民生、注重文化、打造小型建筑精品的重大转折。从规划设计到施工建设的全过程，都得到了宿青平同志先进理念和亲力亲为的指导帮助。他提出的"把公厕纳入城市规划"、"把公厕建在显要位置"、"把公厕建成固定设施"、"把公厕建成城市景观"、"把公厕建成文明之所"、"把公厕建成市民之家"、"把公厕建成文化品牌"等一系列先进理念和品牌思想，为公厕设计建设提供了重要指导。他既是临汾公厕的推动者，也是临汾公厕的总设计师，不仅常与设计人员深入现场研究完善方案，挑选设施材料，而且亲自为公厕撰写楹联，设计雕塑。宿青平是政府官员中少有的设计大师与雕塑家，几年来为临汾公厕及建筑设计，不断注入新的理念、方法与文化，他注重民生、注重文化、注重创新的精神，永远值得我们尊敬和学习。

如今，临汾公厕已成为中国公厕的国际品牌，全国各地先后有 100 多个城市的规划、建设、设计、旅游、环卫等部门前来参观考察，交流学习，对推动全国公厕建设产生了重要示范影响。应全国各地交流借鉴公厕设计经验之需，我们从 300 多座公厕设计方案中，选录了 40 个具有代表性的设计图例编辑成册。在公厕设计中，得到了住建和环卫部门的支持帮助，得到了公用、园林、供电、供热、路灯及有关施工企业的支持配合，在此一并表示感谢。由于该书系中国首部公厕设计图集，难免存在诸多缺憾，欢迎批评指正。

中国是人口大国，公厕问题远未解决，公厕设计与建设仍处在不断探索和创新中，我们愿与全国各地关注公厕设计建设的同行，共同探索具有中国特色的公厕设计之路，把这项利国惠民的"小事"办得更好。

临汾市建筑勘察设计院

二〇一七年三月

目录

JINXIUGONGCE
MULU

1号公厕设计图例 / 012

2号公厕设计图例 / 016

3号公厕设计图例 / 020

4号公厕设计图例 / 024

5号公厕设计图例 / 028

6号公厕设计图例 / 032

7号公厕设计图例 / 036

8号公厕设计图例 / 040

9号公厕设计图例 / 044

10号公厕设计图例 / 048

11号公厕设计图例 / 052

12号公厕设计图例 / 056

13号公厕设计图例 / 060

14号公厕设计图例 / 064

15号公厕设计图例 / 068

16号公厕设计图例 / 072

17号公厕设计图例 / 076

18号公厕设计图例 / 080

19号公厕设计图例 / 084

20号公厕设计图例 / 088

21号公厕设计图例 / 092

22号公厕设计图例 / 096

23号公厕设计图例 / 100

24号公厕设计图例 / 104

25号公厕设计图例 / 108

26号公厕设计图例 / 112

27号公厕设计图例 / 116

28号公厕设计图例 / 120

29号公厕设计图例 / 124

30号公厕设计图例 / 128

31号公厕设计图例 / 132

32号公厕设计图例 / 136

33号公厕设计图例 / 140

34号公厕设计图例 / 144

35号公厕设计图例 / 148

36号公厕设计图例 / 152

37号公厕设计图例 / 156

38号公厕设计图例 / 160

39号公厕设计图例 / 164

40号公厕设计图例 / 168

临汾市区公厕大观 / 172

临汾公厕靓丽夜景 / 176

中国人居环境范例奖　迪拜国际最佳范例奖

1号公厕

SHEJI TULI

设计图例

1号公厕位于临汾市区鼓楼北街与河汾路十字路口。
砖混结构，层高3.6m，建筑面积174m²，厕位总量34个。

共卫生间 TOILET

迪拜国际最佳范例奖

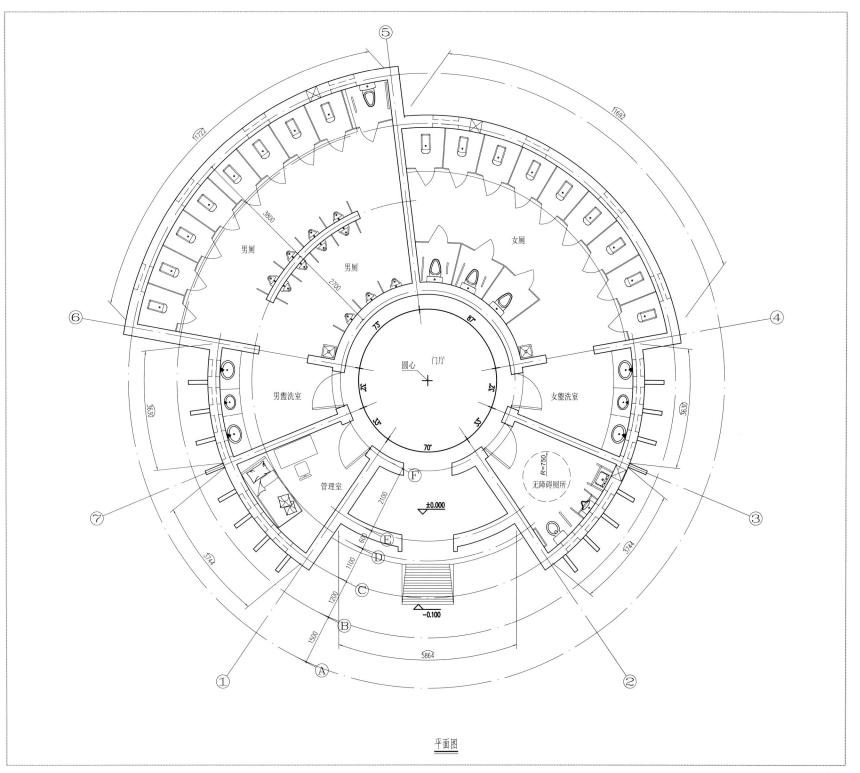

男厕

男厕

女厕

圆心 门厅

男盥洗室

女盥洗室

管理室

无障碍厕所

R=750

±0.000

−0.100

平面图

中国人居环境范例奖　迪拜国际最佳范例奖

2号公厕

SHEJI TULI

设计图例

2号公厕位于临汾市区鼓楼广场。

砖混结构，层高3.6m，建筑面积159m²，厕位总量33个。

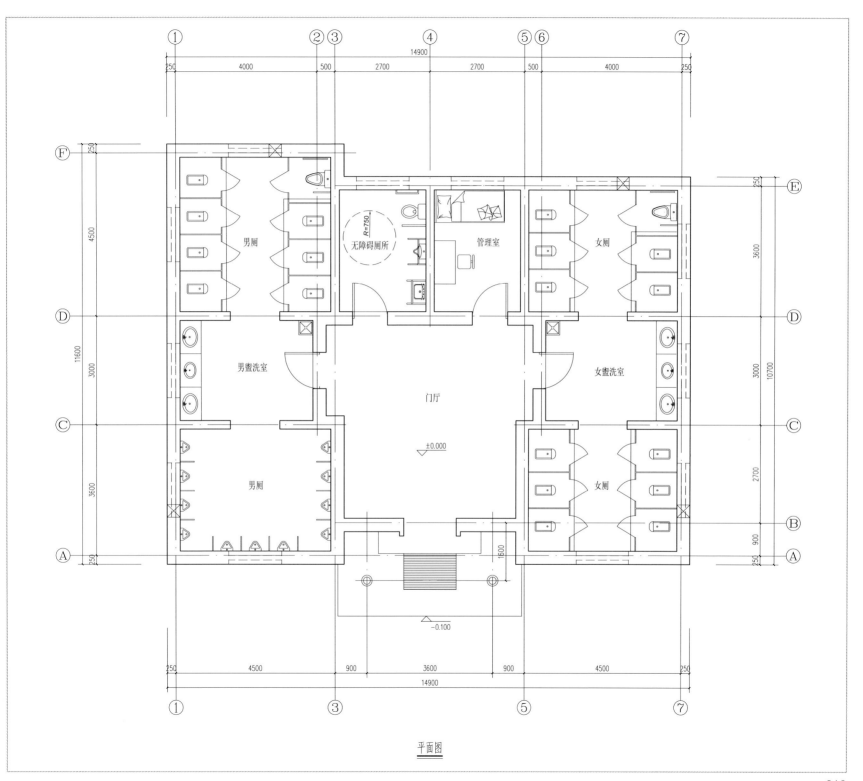

男厕

无障碍厕所
R=750

管理室

女厕

男盥洗室

女盥洗室

门厅

±0.000

男厕

女厕

−0.100

平面图

中国人居环境范例奖　迪拜国际最佳范例奖

3号公厕

SHEJI TULI

设 计 图 例

3号公厕位于临汾市区秦蜀路法院对面。
砖混结构，层高3.6m，建筑面积159m²，厕位总量30个。

公共卫生间
TOILET

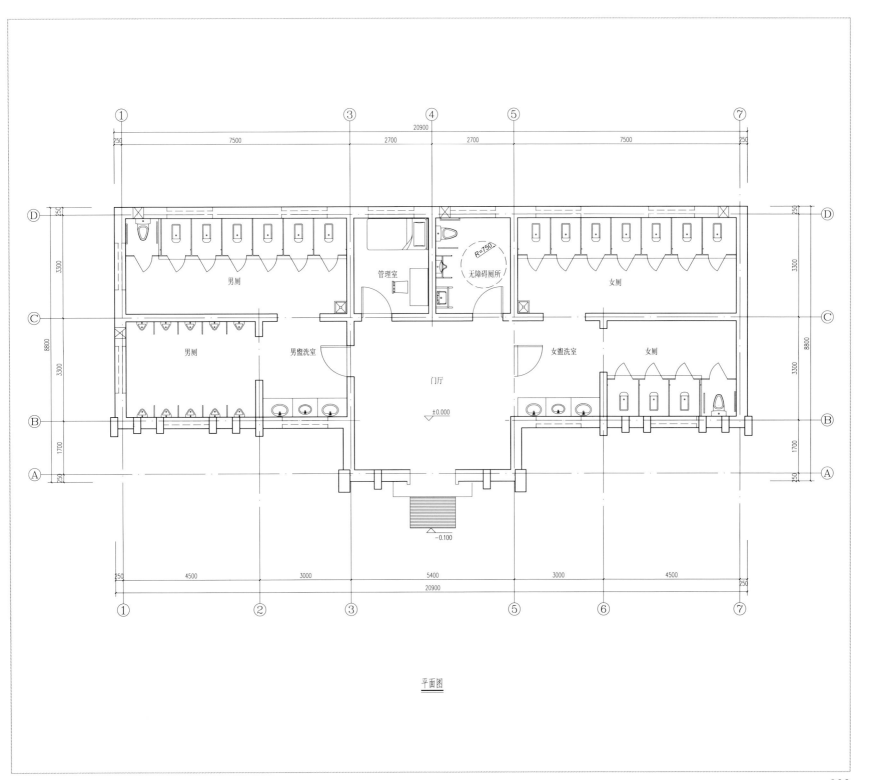

平面图

中国人居环境范例奖　迪拜国际最佳范例奖

4号公厕

SHEJI TULI
设计图例

4号公厕位于临汾市区秦蜀路怡协汽修园。
砖混结构，层高3.6m，建筑面积170m^2，厕位总量35个。

公共卫生间
TOILET

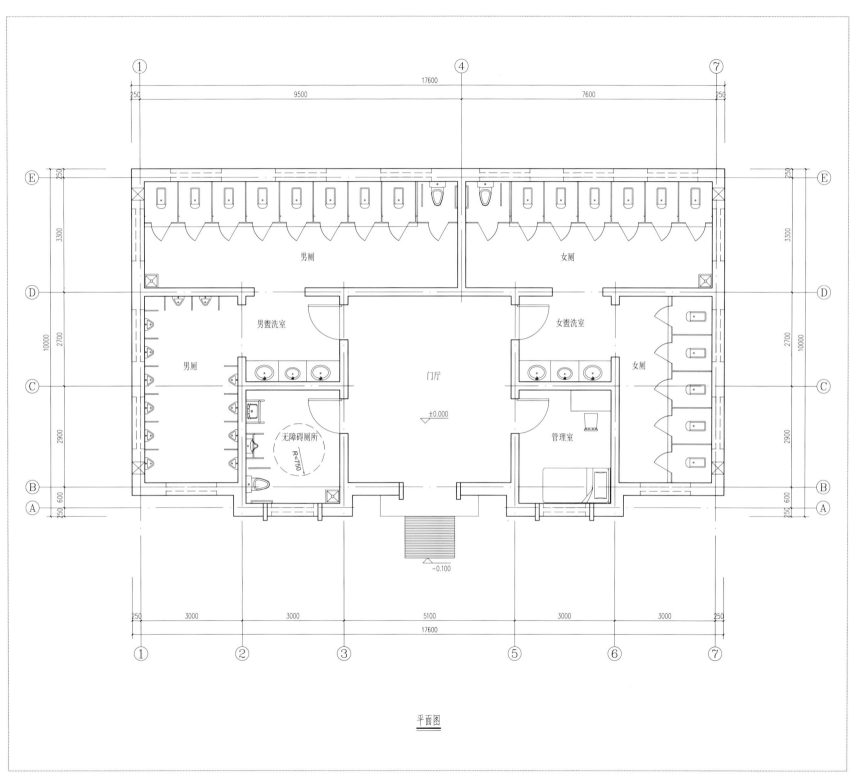

男厕

女厕

男盥洗室

女盥洗室

门厅

±0.000

男厕

女厕

无障碍厕所

R=750

管理室

−0.100

平面图

027

中国人居环境范例奖　迪拜国际最佳范例奖

5号公厕

SHEJI TULI

设计图例

5号公厕位于临汾市区鼓楼北街与北外环十字路口。
砖混结构，层高3.6m，建筑面积184m^2，厕位总量31个。

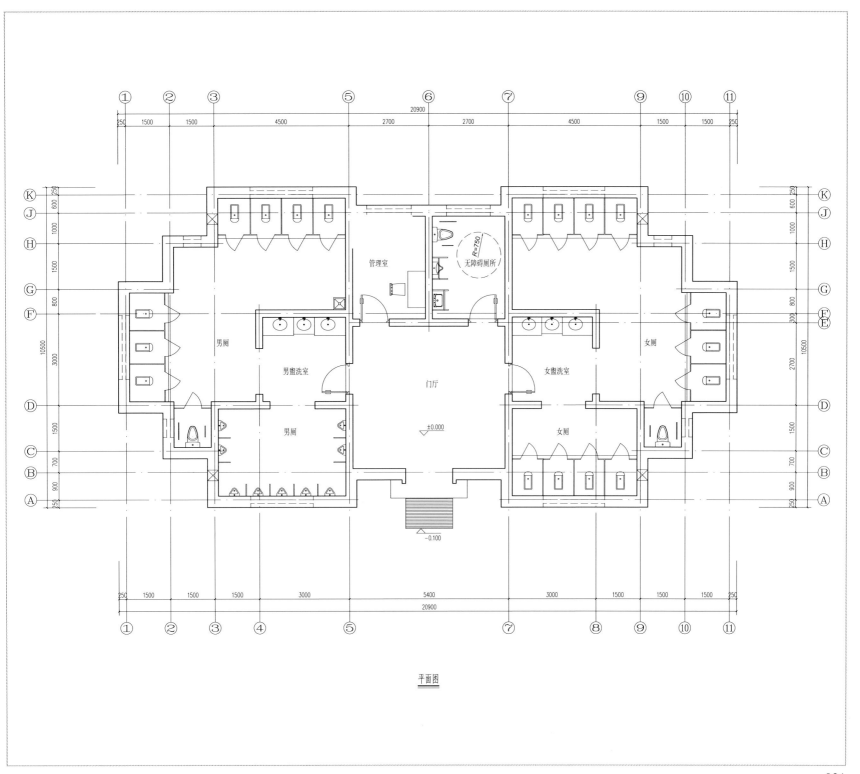

平面图

031

中国人居环境范例奖　迪拜国际最佳范例奖

6号公厕

SHEJI TULI

设 计 图 例

6号公厕位于临汾市区秦蜀路安监局南侧。

砖混结构，层高3.6m，建筑面积175m^2，厕位总量32个。

公共卫生间 TOILET

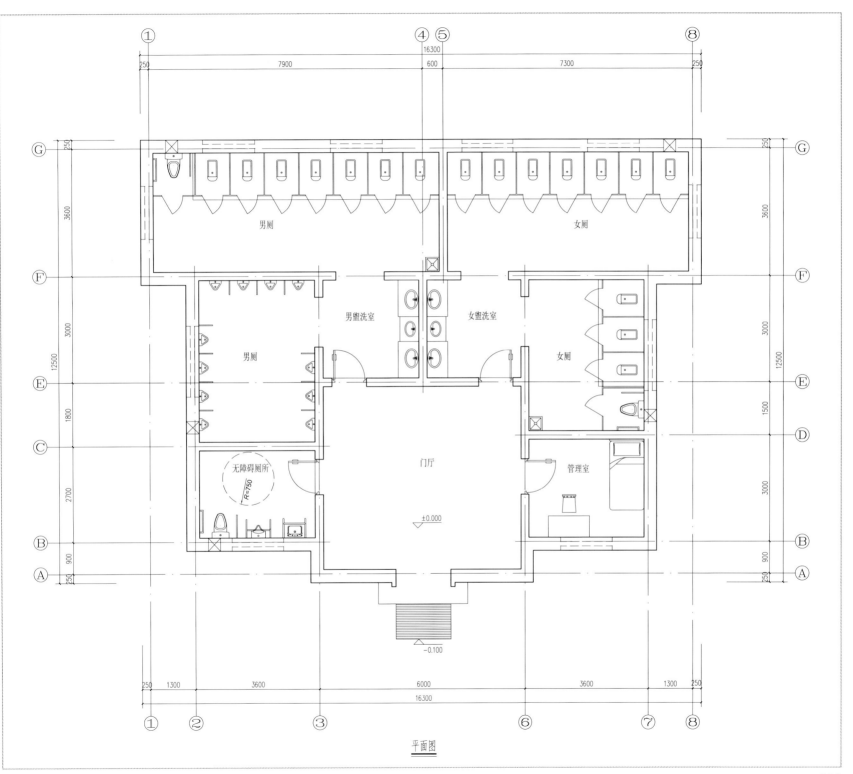

平面图

035

中国人居环境范例奖　迪拜国际最佳范例奖

7号公厕

SHEJI TULI

设计图例

7号公厕位于临汾市区秦蜀路与五一路东南角。
砖混结构，层高3.6m，建筑面积165m²，厕位总量35个。

GUO JI ZUI JIA FANLI JIANG

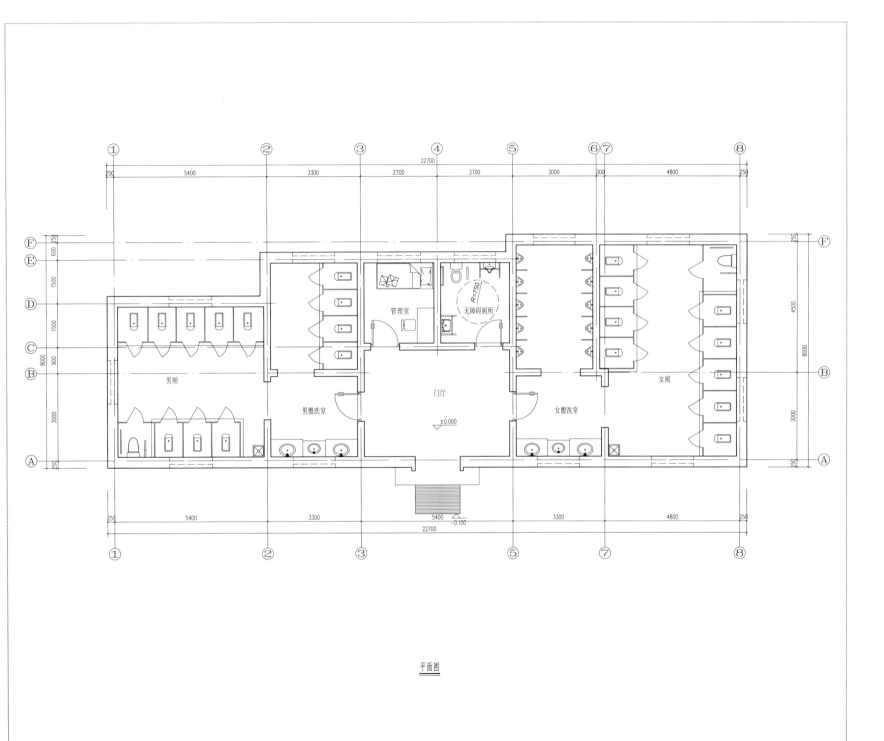

平面图

中国人居环境范例奖　迪拜国际最佳范例奖

8号公厕

SHEJI TULI

设计图例

8号公厕位于临汾市区鼓楼北街与向阳路十字路口。
砖混结构，层高3.6m，建筑面积137m²，厕位总量27个。

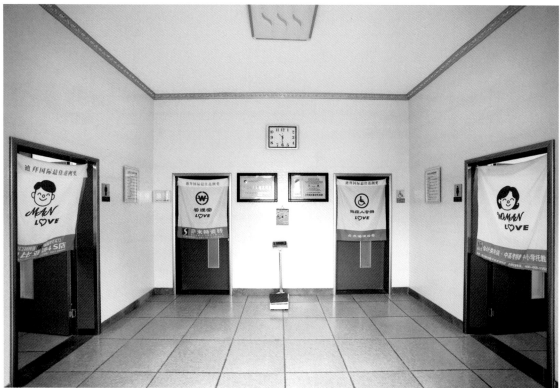

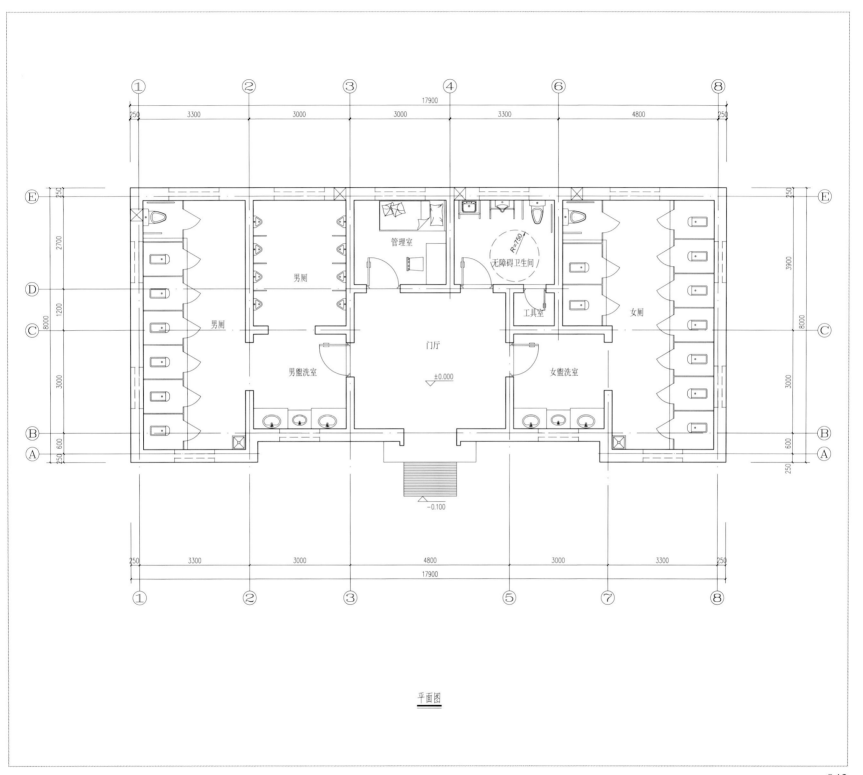

男厕

男厕

男盥洗室

管理室

门厅

±0.000

无障碍卫生间

R=750

工具室

女厕

女盥洗室

-0.100

平面图

043

中国人居环境范例奖　迪拜国际最佳范例奖

9号公厕

SHEJI TULI

设计图例

9号公厕位于临汾市区鼓楼北街水厂对面。
砖混结构，层高3.6m，建筑面积147m^2，厕位总量32个。

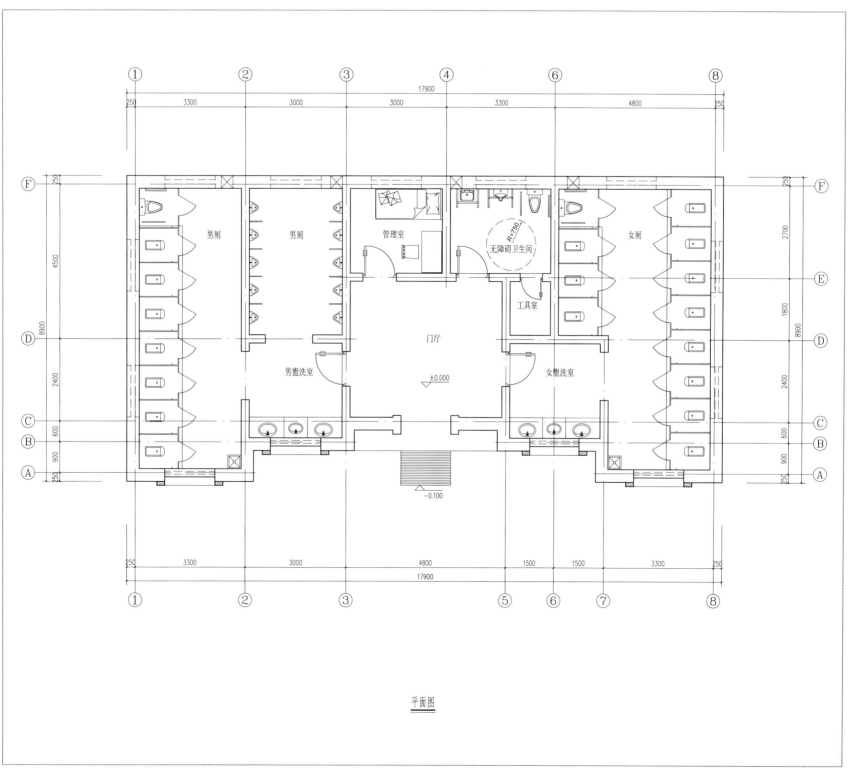

平面图

中国人居环境范例奖　迪拜国际最佳范例奖

10号公厕 SHEJI TULI
设计图例

10号公厕位于临汾市区秦蜀路路西信合大厦北侧。
砖混结构，层高3.6m，建筑面积154m^2，厕位总量29个。

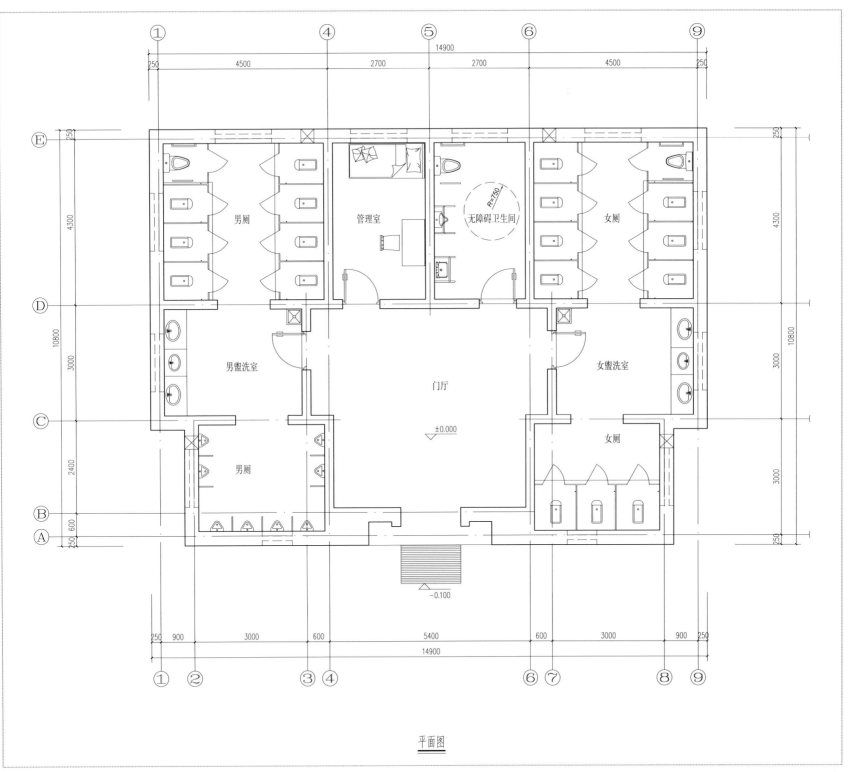

平面图

051

中国人居环境范例奖　迪拜国际最佳范例奖

11号公厕 SHEJI TULI
设计图例

11号公厕位于临汾市区秦蜀路与益民巷十字路口。
砖混结构，层高3.6m，建筑面积112m²，厕位总量23个。

公共卫生间

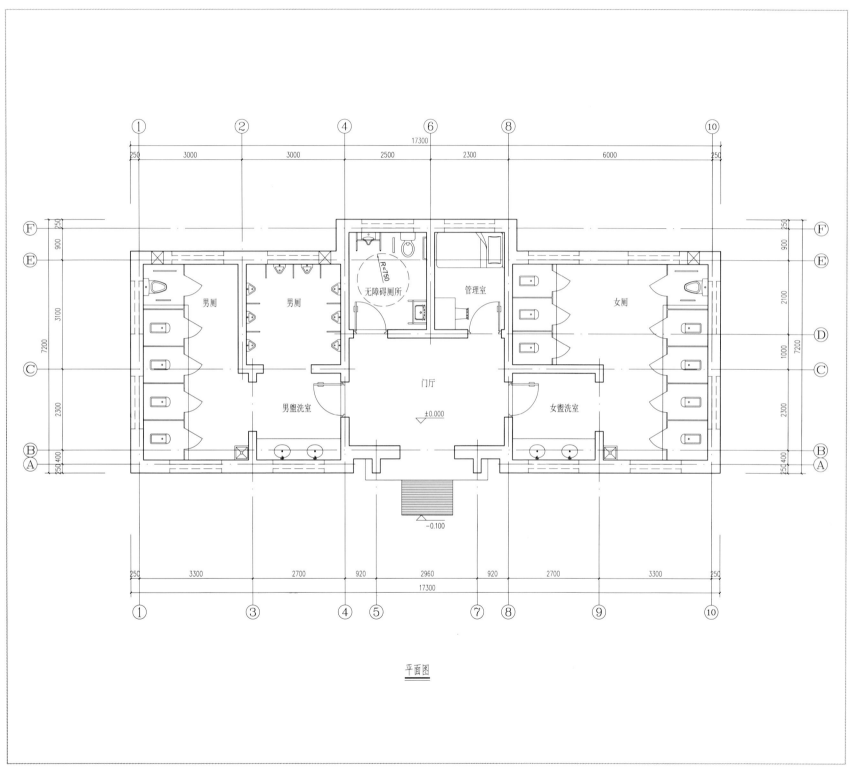

平面图

中国人居环境范例奖　迪拜国际最佳范例奖

12号公厕 SHEJI TULI
设计图例

12号公厕位于临汾市区神州装饰城南门口。
砖混结构，层高3.6m，建筑面积131m²，厕位总量26个。

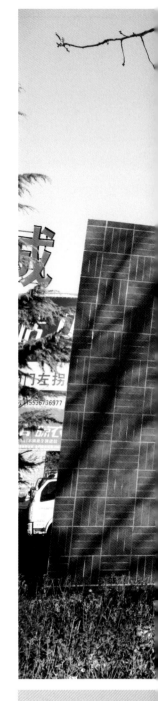

公共卫生间
TOILET

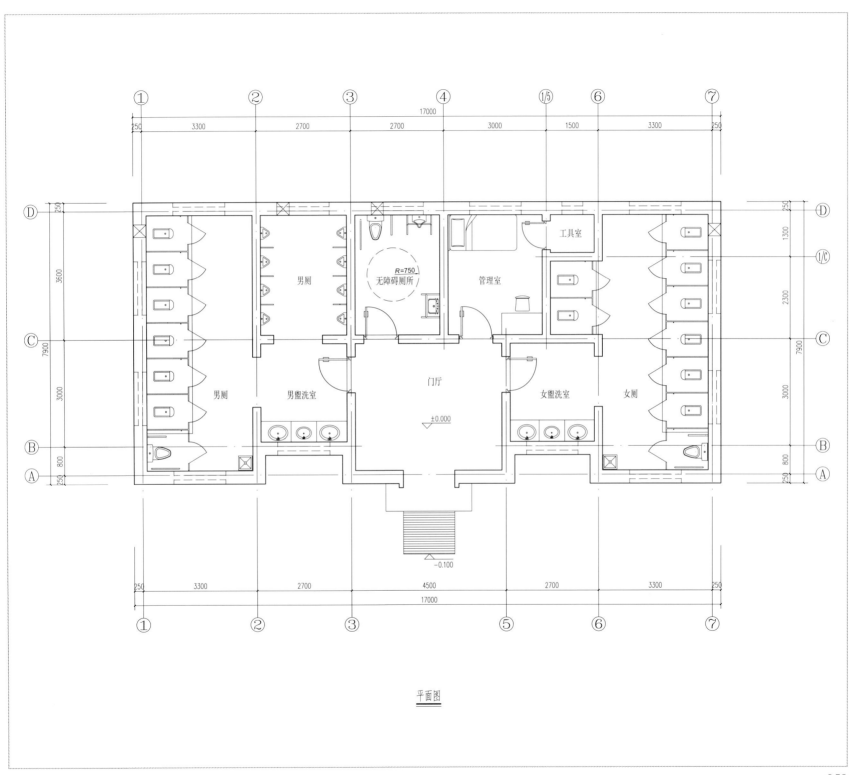

平面图

中国人居环境范例奖　迪拜国际最佳范例奖

13号公厕 SHEJI TULI
设计图例

13号公厕位于临汾市区古城路。
砖混结构，层高3.6m，建筑面积129m^2，厕位总量21个。

公共卫生间

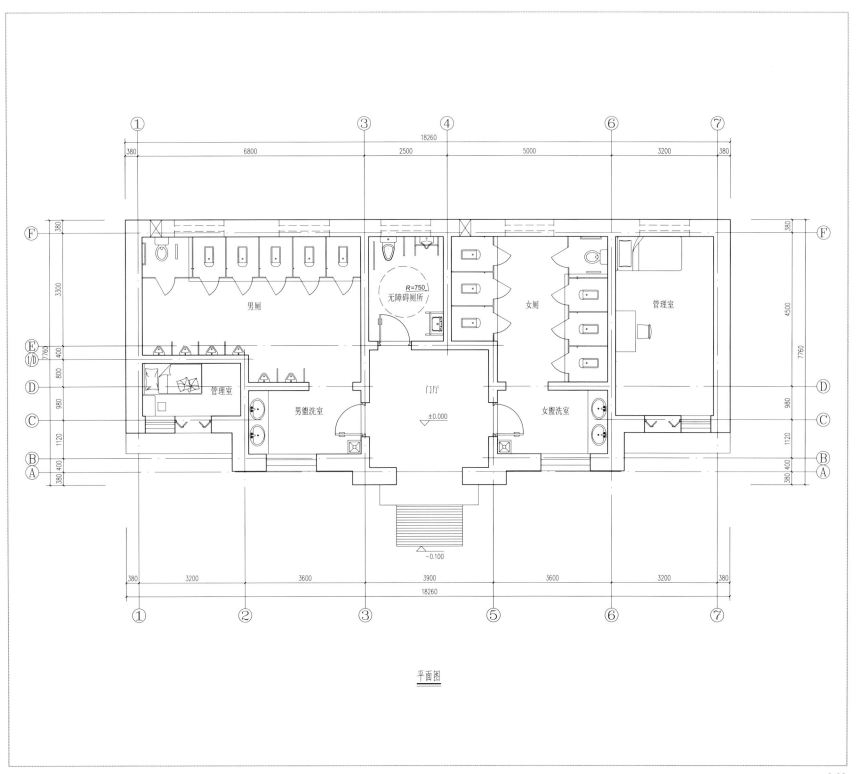

平面图

中国人居环境范例奖　迪拜国际最佳范例奖

14号公厕 SHEJI TULI 设计图例

14号公厕位于临汾市区鼓楼北加油站对面。
砖混结构，层高3.6m，建筑面积129m^2，厕位总量28个。

公共卫生间
TOILET

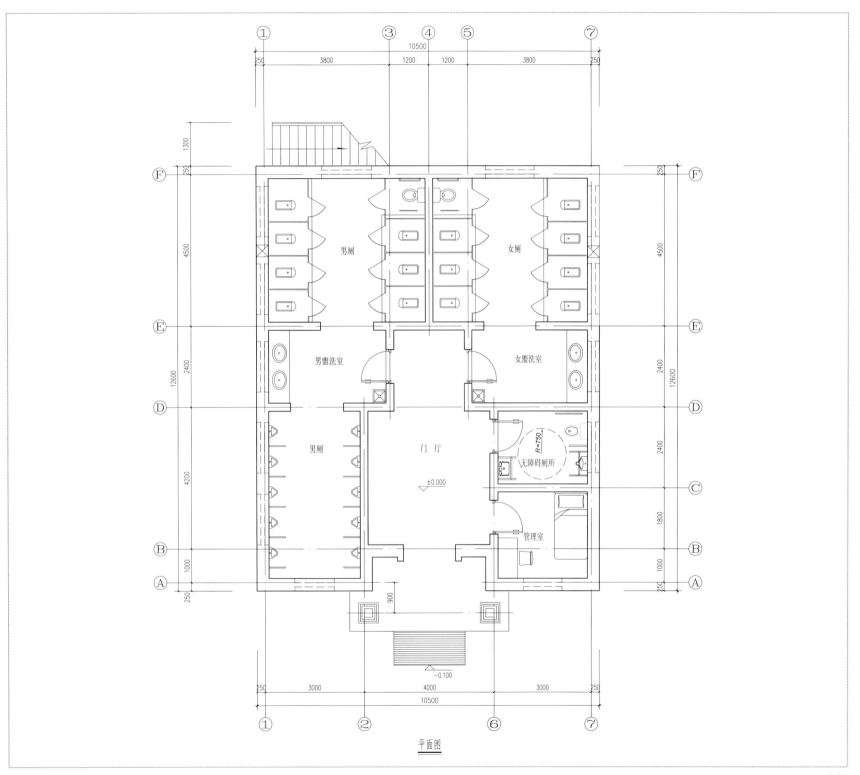

平面图

中国人居环境范例奖　迪拜国际最佳范例奖

15号公厕

SHEJI TULI

设计图例

15号公厕位于临汾市区鼓楼西一中大门西侧。
砖混结构，层高3.6m，建筑面积136m²，厕位总量24个。

公共卫生间
TOILET

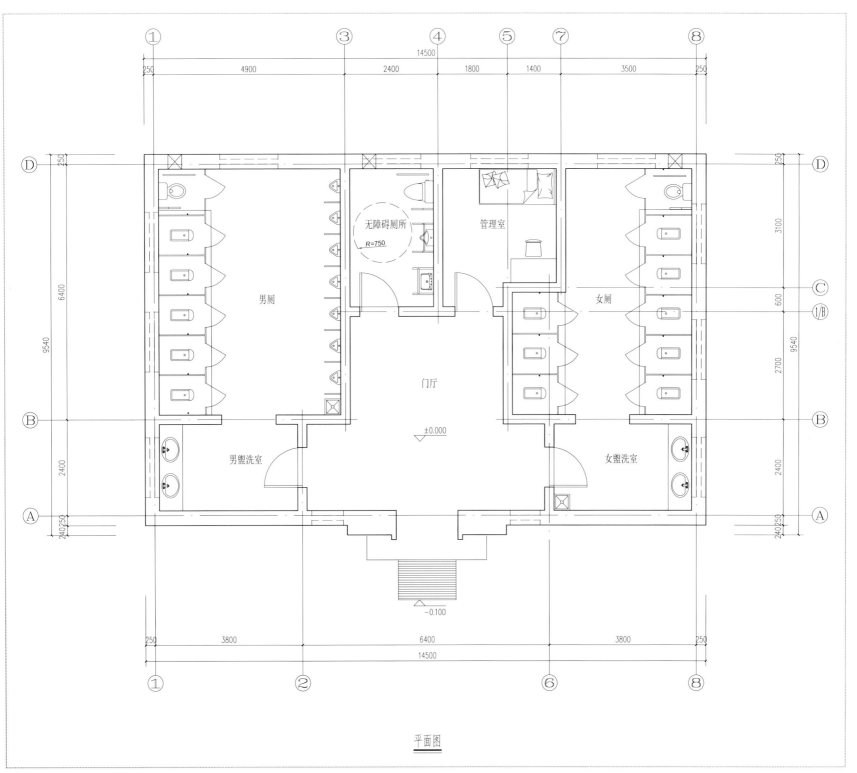

平面图

中国人居环境范例奖　迪拜国际最佳范例奖

16号公厕

SHE JI TU LI

设计图例

16号公厕位于临汾市区平阳南街机床厂。
砖混结构，层高3.6m，建筑面积124m²，厕位总量23个。

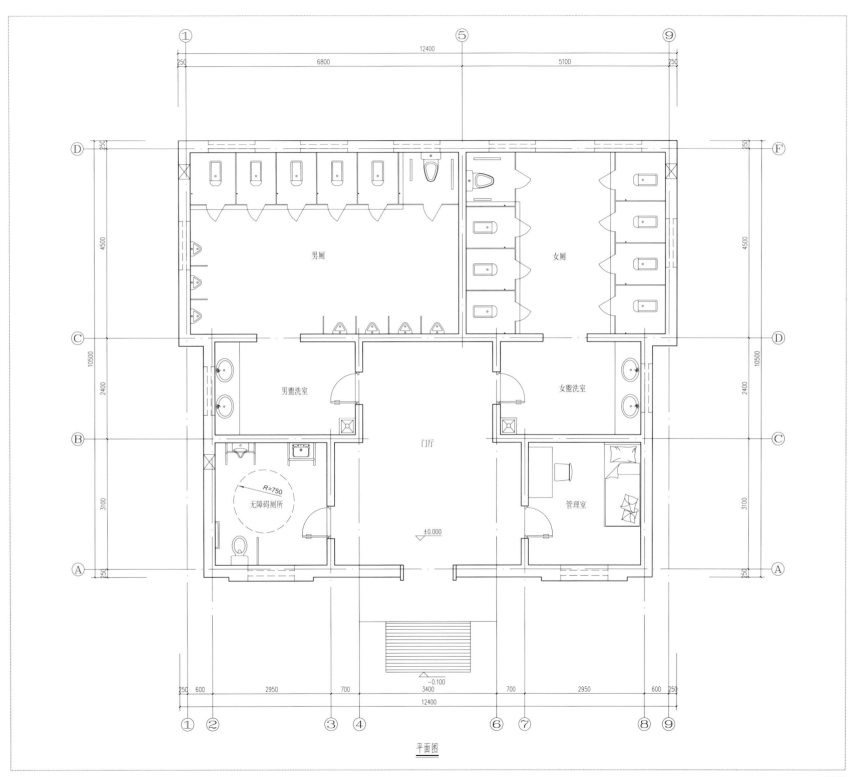

男厕

女厕

男盥洗室

女盥洗室

门厅

无障碍厕所

R=750

管理室

±0.000

−0.100

平面图

中国人居环境范例奖　迪拜国际最佳范例奖

17号公厕 SHEJI TULI 设计图例

17号公厕位于临汾市区贡院街南街小学对面。
砖混结构，层高3.6m，建筑面积112m^2，厕位总量20个。

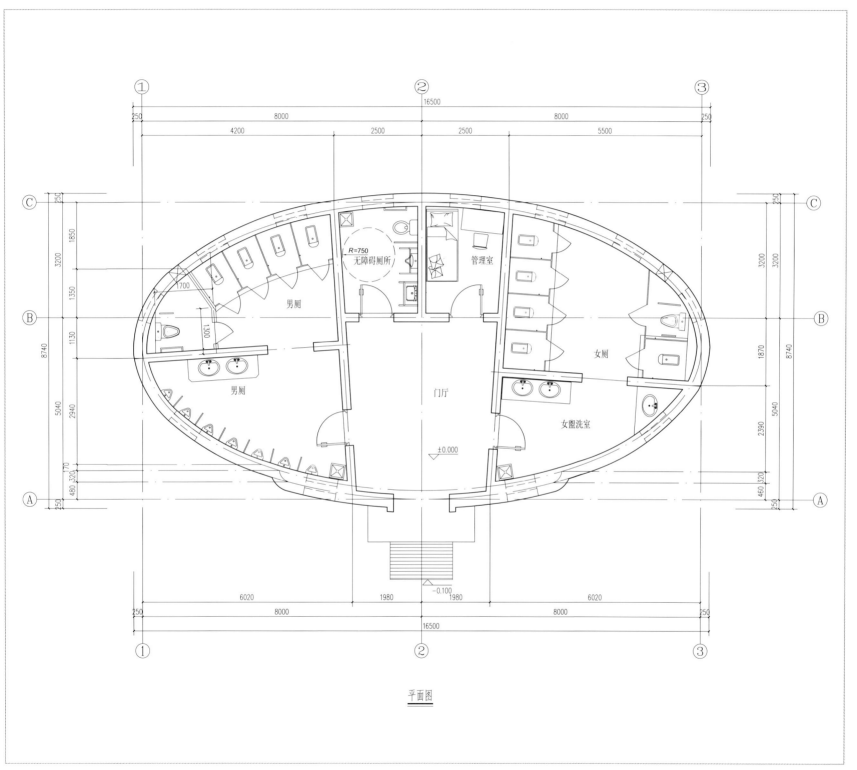

男厕

男厕

无障碍厕所
R=750

管理室

女厕

女盥洗室

门厅

±0.000

−0.100

平面图

中国人居环境范例奖　迪拜国际最佳范例奖

18号公厕

SHEJI TULI

设计图例

18号公厕位于临汾市区火车站。

砖混结构，层高3.6m，建筑面积169m²，厕位总量34个。

公共卫生间
TOILET

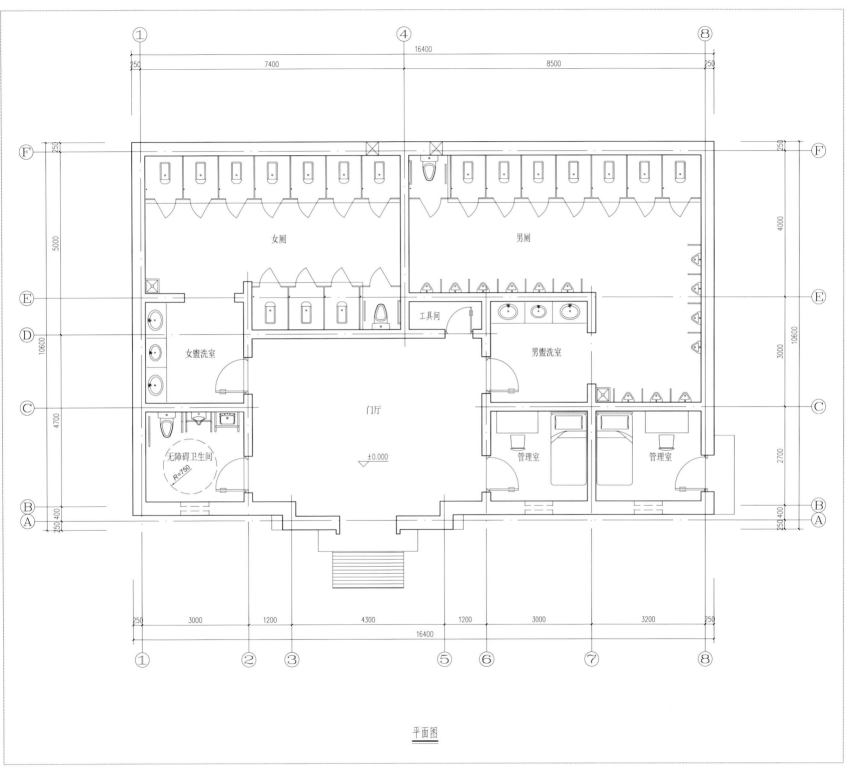

女厕

男厕

工具间

女盥洗室

男盥洗室

门厅

±0.000

无障碍卫生间
R=750

管理室

管理室

16400

7400   8500

250   250

250   250

5000

4000

10600

3000

10600

4700

2700

250 400   250 400

250   3000   1200   4300   1200   3000   3200   250

16400

① ② ③   ④   ⑤ ⑥   ⑦   ⑧

Ⓐ Ⓑ Ⓒ Ⓓ Ⓔ Ⓕ

平面图

中国人居环境范例奖　迪拜国际最佳范例奖

19号公厕

SHE JI TU LI

设 计 图 例

19号公厕位于临汾市区华门西北角锦悦城。
砖混结构，建筑高度5.5m，建筑面积230m^2，厕位总量29个。

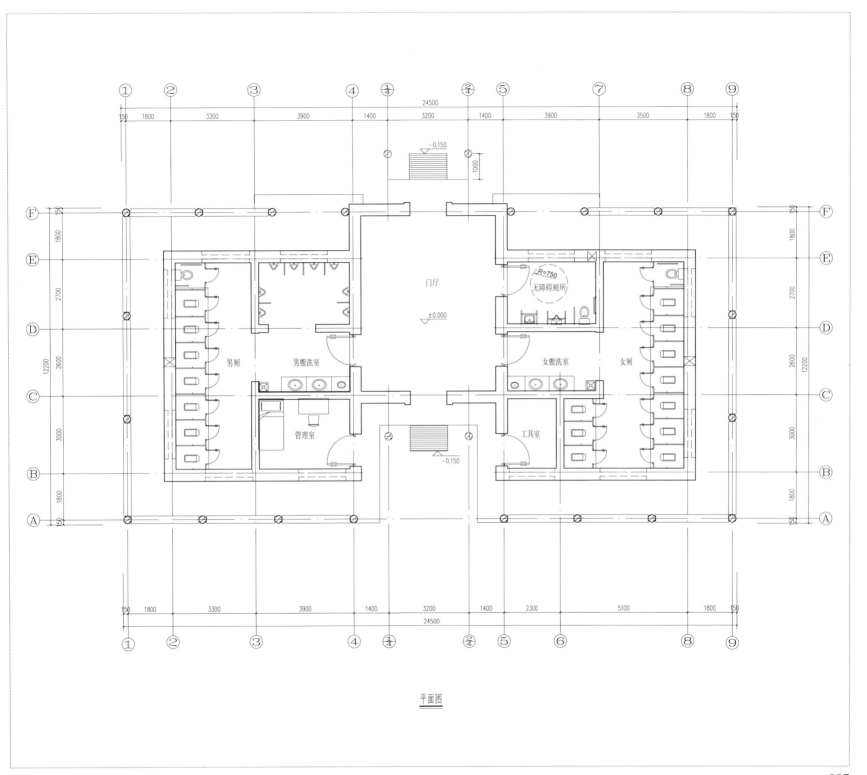

平面图

中国人居环境范例奖　迪拜国际最佳范例奖

20号公厕

SHEJI TULI

设 计 图 例

20号公厕位于临汾市滨河西路新医院东北侧。

框架结构，层高3.6m，建筑面积159m^2，厕位总量27个。

公共卫生间 TOILET

五谷生活汇一门

七彩人生多色路

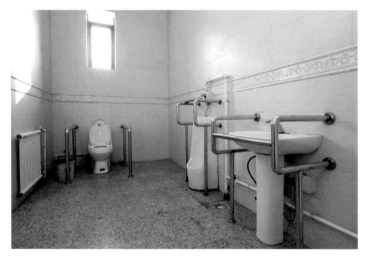

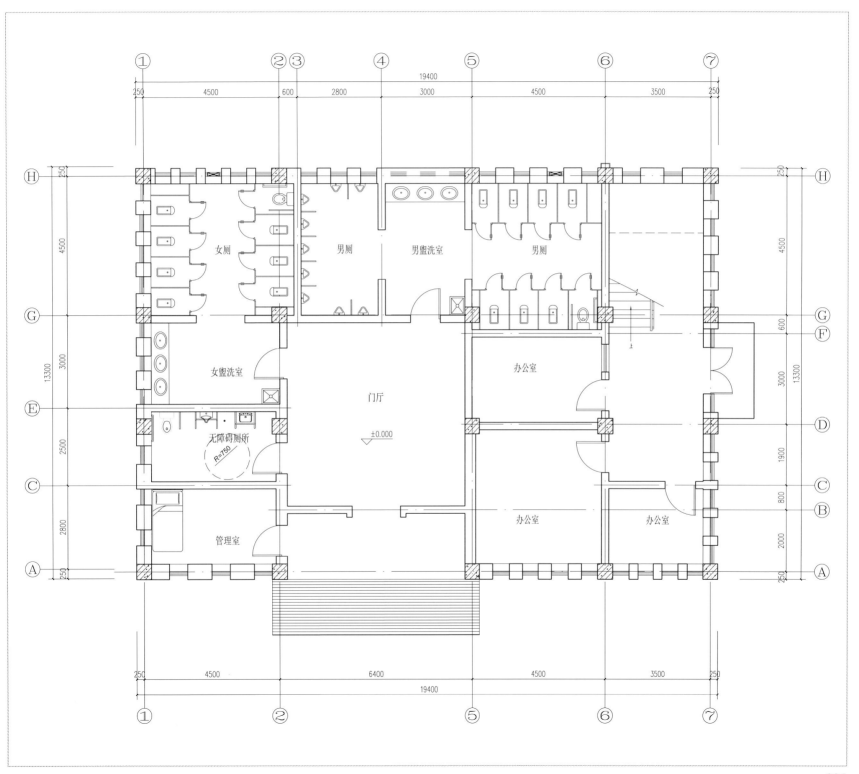

091

中国人居环境范例奖　迪拜国际最佳范例奖

21号公厕

SHEJI TULI

设计图例

21号公厕位于临汾市区解放西路一中操场东南角。
砖混结构，层高3.6m，建筑面积102m²，厕位总量20个。

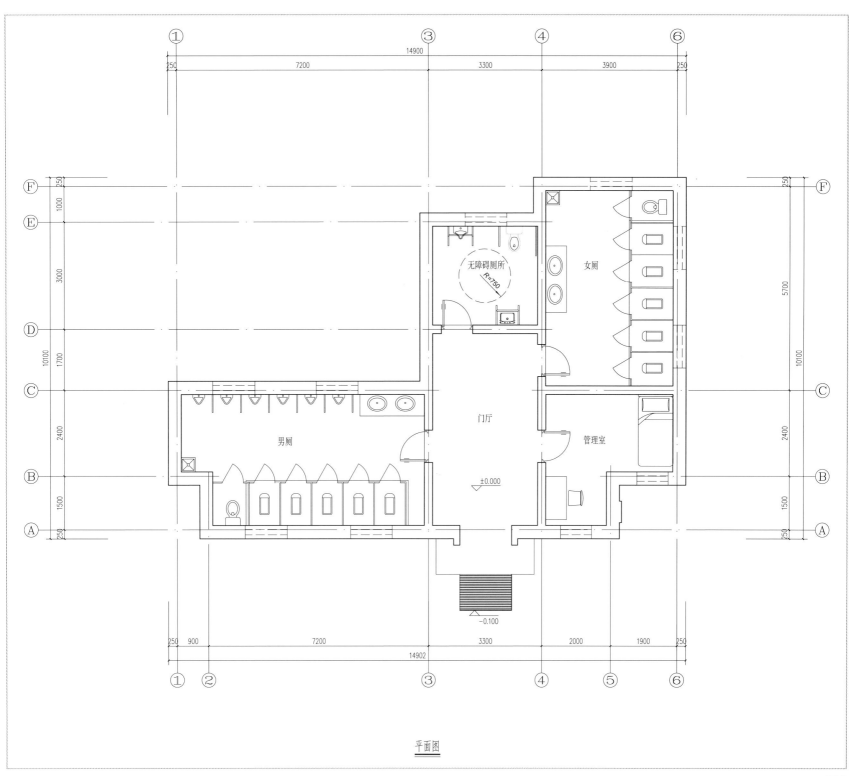

14900

250　　7200　　3300　　3900　　250

无障碍厕所
R=750

女厕

门厅

男厕

±0.000

管理室

−0.100

250　900　　7200　　3300　　2000　　1900　250

14902

平面图

中国人居环境范例奖　迪拜国际最佳范例奖

22号公厕 SHEJI TULI

设计图例

22号公厕位于临汾市区五一路与体育南街十字路口。
砖混结构，层高3.6m，建筑面积95m^2，厕位总量18个。

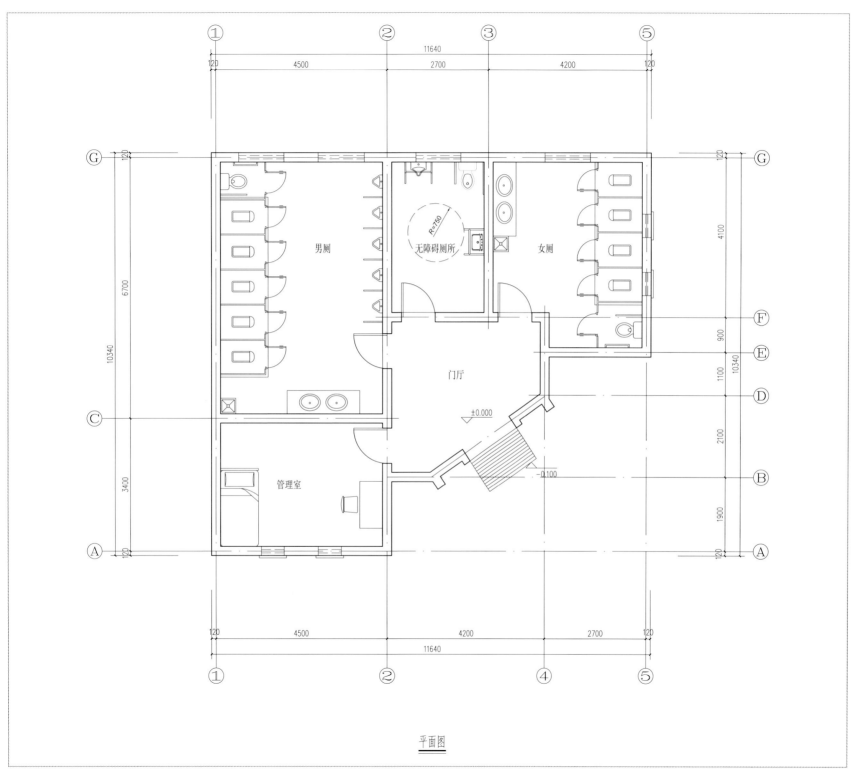

平面图

中国人居环境范例奖　迪拜国际最佳范例奖

23号公厕 SHEJI TULI 设计图例

23号公厕位于临汾市区平阳南街与南外环路十字路口。
框架结构，层高3.6m，建筑面积124m²，厕位总量20个。

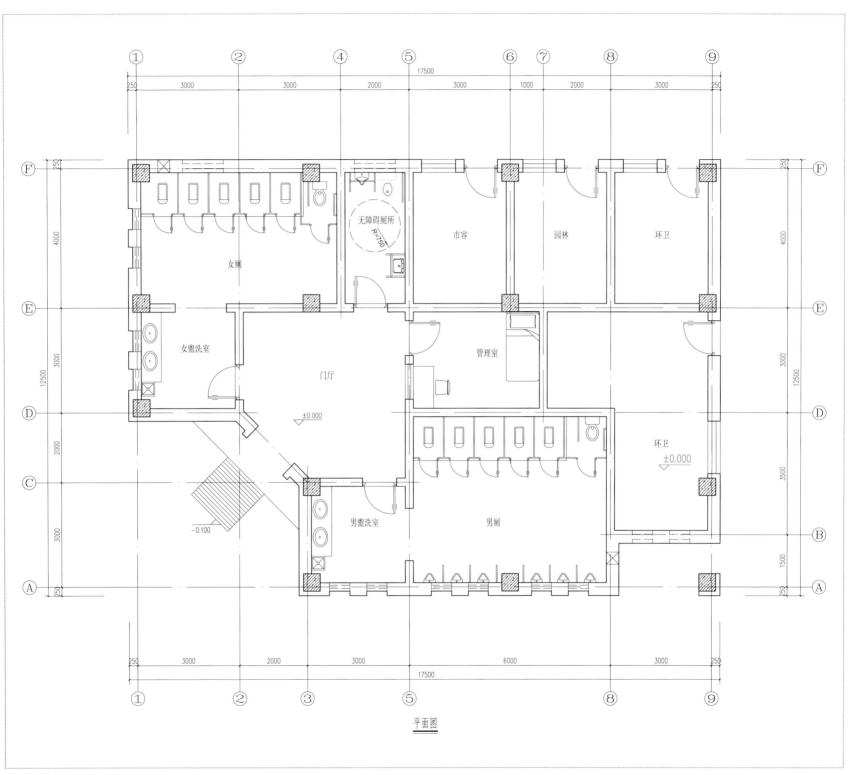

平面图

103

中国人居环境范例奖　迪拜国际最佳范例奖

24号公厕 SHEJI TULI 设计图例

24号公厕位于临汾市区华州路加油站对面。
砖混结构，层高3.6m，建筑面积126m²，厕位总量23个。

GUO JI ZUI JIA FANLI JIANG

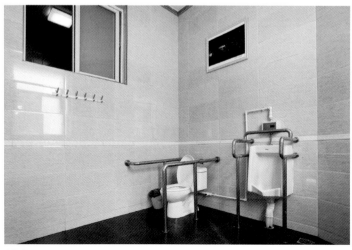

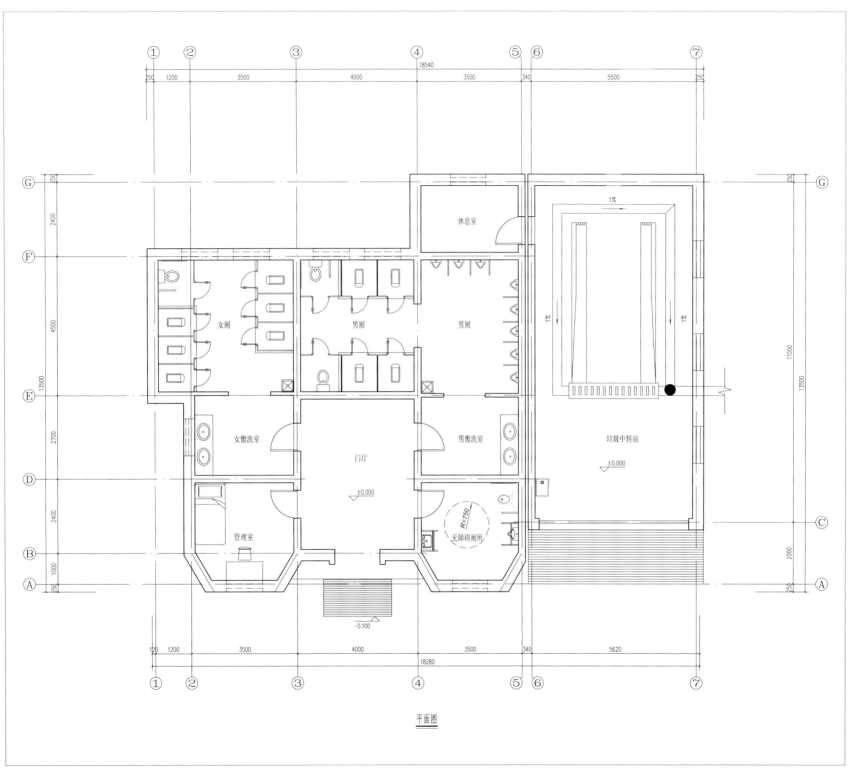

平面图

中国人居环境范例奖　迪拜国际最佳范例奖

25号公厕

SHEJI TULI

设计图例

25号公厕位于临汾市区建设路与北外环十字路口。
砖混结构，层高3.6m，建筑面积142m²，厕位总量27个。

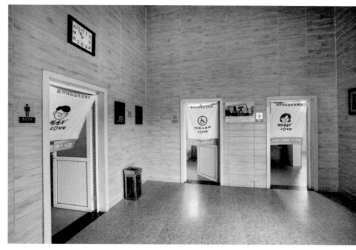

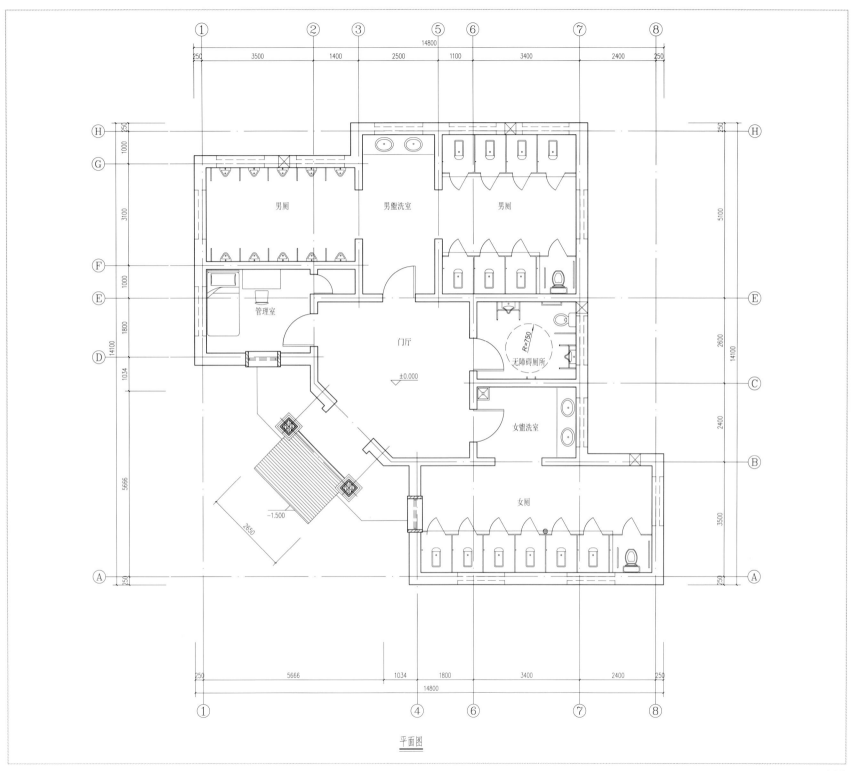

男厕　男盥洗室　男厕

管理室

门厅

±0.000

无障碍厕所

R=750

女盥洗室

女厕

−1.500

平面图

111

中国人居环境范例奖　迪拜国际最佳范例奖

26号公厕 SHEJI TULI
设计图例

26号公厕位于临汾市区建设路中段路西。

砖混结构，层高3.6m，建筑面积99m²，厕位总量18个。

公共卫生间 TOILET

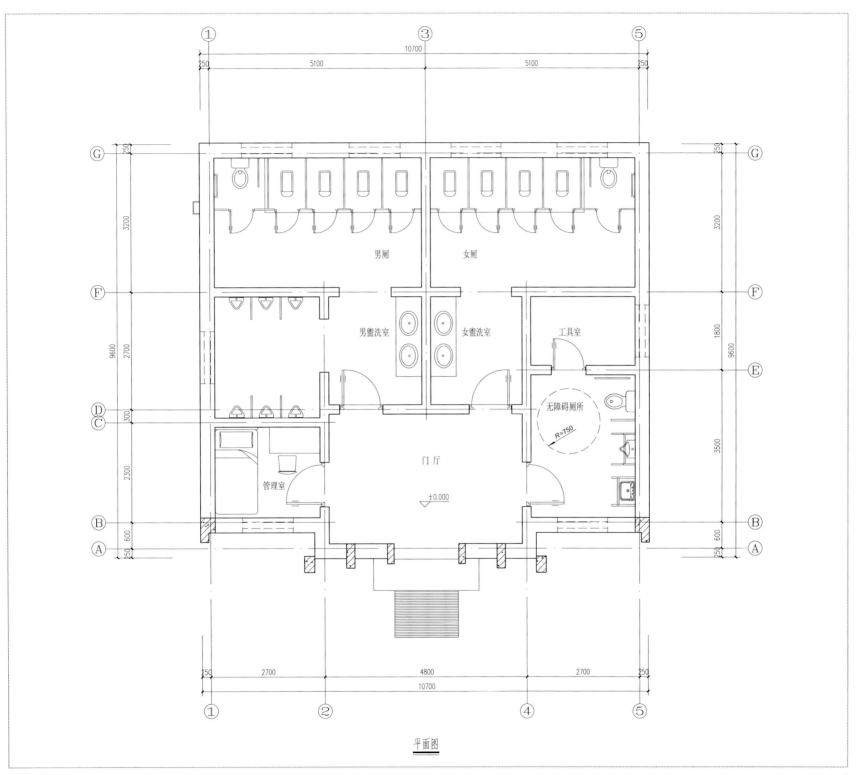

平面图

115

中国人居环境范例奖　迪拜国际最佳范例奖

27号公厕 SHEJI TULI
设 计 图 例

27号公厕位于临汾市区解放东路立交桥东口路南侧。
砖混结构，层高3.6m，建筑面积130m²，厕位总量18个。

公共卫生间　TOILET

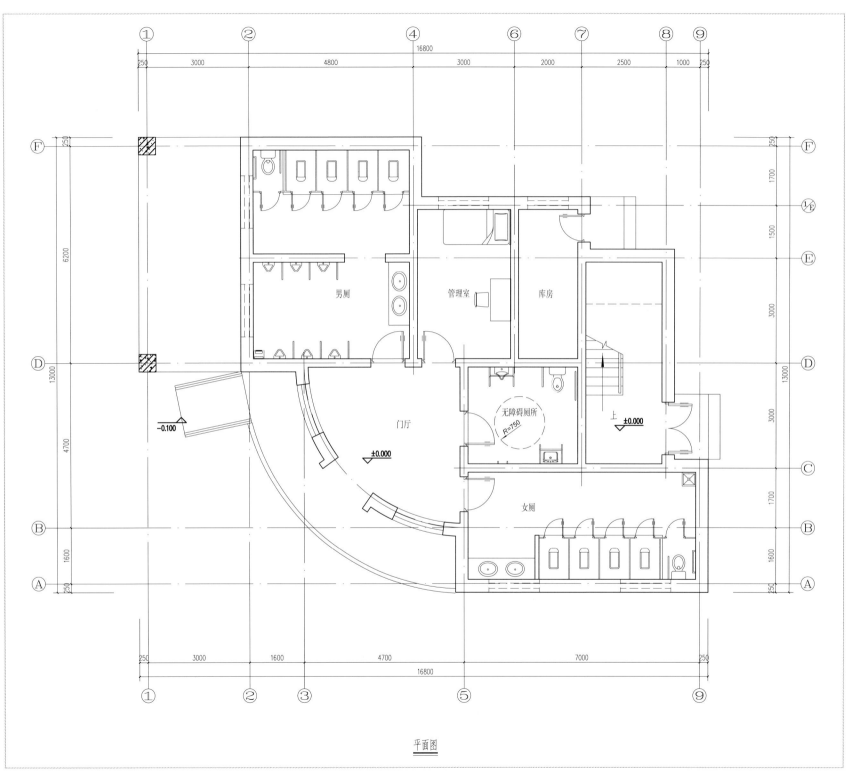

男厕

管理室

库房

门厅

无障碍厕所
R=750

上 ±0.000

女厕

±0.000

−0.100

±0.000

平面图

119

中国人居环境范例奖　　迪拜国际最佳范例奖

28号公厕 SHEJI TULI 设计图例

28号公厕位于临汾市区迎春北街南口供销社后。
砖混结构，层高3.6m，建筑面积80m²，厕位总量17个。

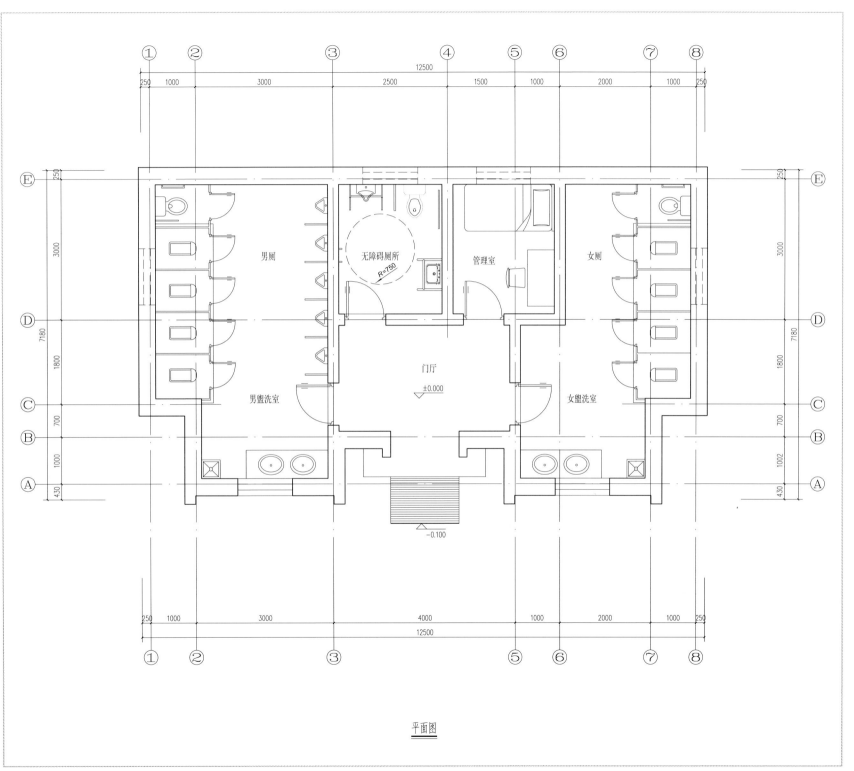

平面图

123

中国人居环境范例奖　迪拜国际最佳范例奖

29号公厕 SHEJI TULI
设计图例

29号公厕位于临汾市区迎春北街中段。
砖混结构，层高3.6m，建筑面积75m²，厕位总量16个。

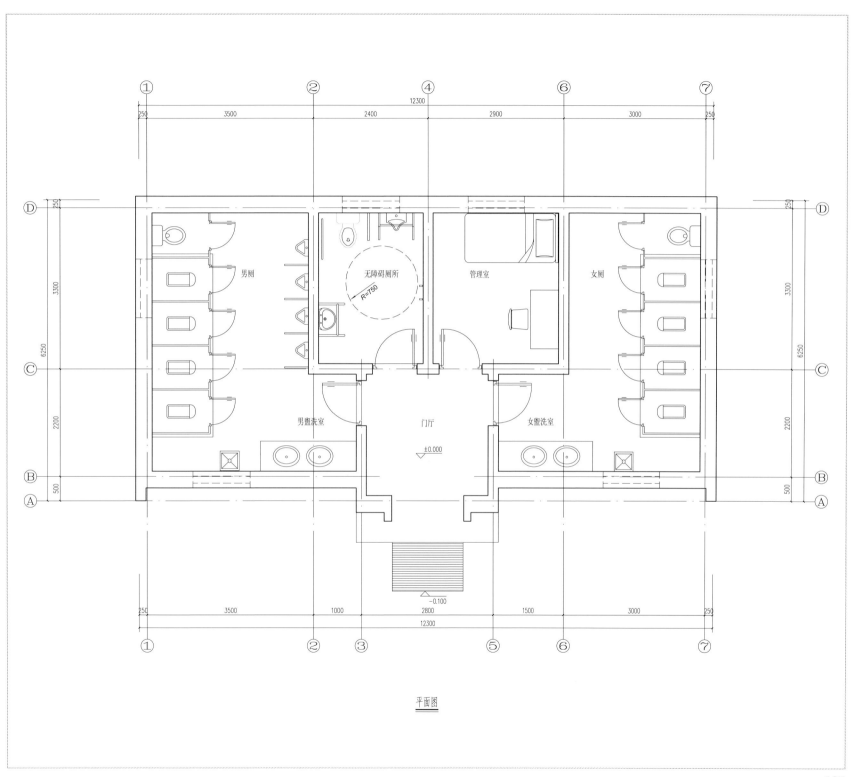

男厕　无障碍厕所　管理室　女厕

男盥洗室　门厅　女盥洗室

±0.000

−0.100

平面图

127

中国人居环境范例奖　迪拜国际最佳范例奖

30号公厕 SHEJI TULI 设计图例

30号公厕位于临汾市区平阳北街铁路医院门口。
砖混结构，层高3.6m，建筑面积70m²，厕位总量17个。

公共卫生间
TOILET

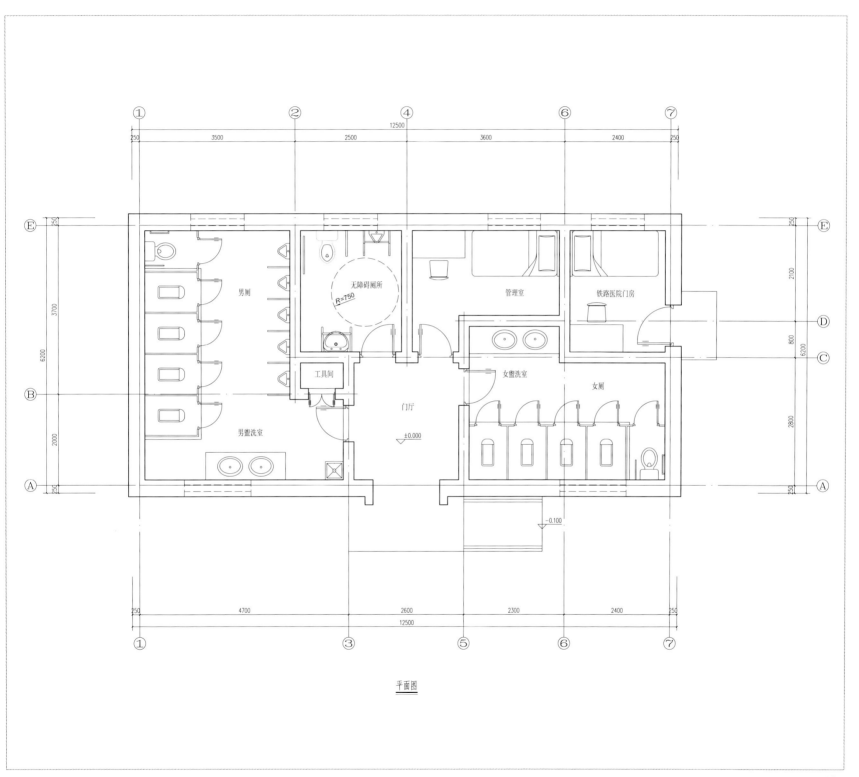

平面图

中国人居环境范例奖　迪拜国际最佳范例奖

31号公厕

SHEJI TULI

设计图例

31号公厕位于临汾市区迎春街与煤化巷十字路口。

砖混结构，层高3.9m，建筑面积102m^2，厕位总量19个。

环卫·市容·园林·供水

公共卫生间 TOILE

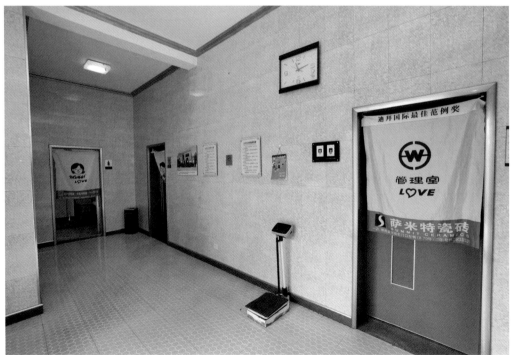

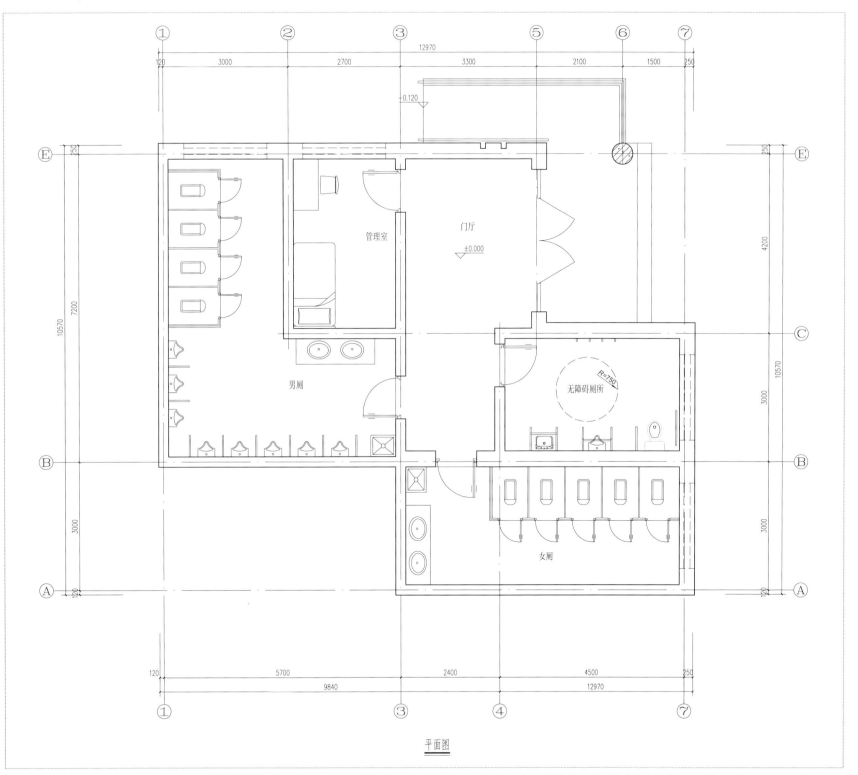

平面图

中国人居环境范例奖　迪拜国际最佳范例奖

32号公厕 SHEJI TULI

设计图例

32号公厕位于临汾市区锣鼓大桥广场。
砖混结构，层高3.6m，建筑面积111m²，厕位总量22个。

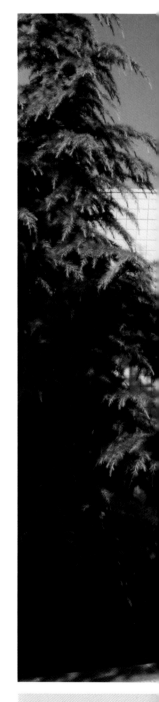

公共卫生间 TOILET

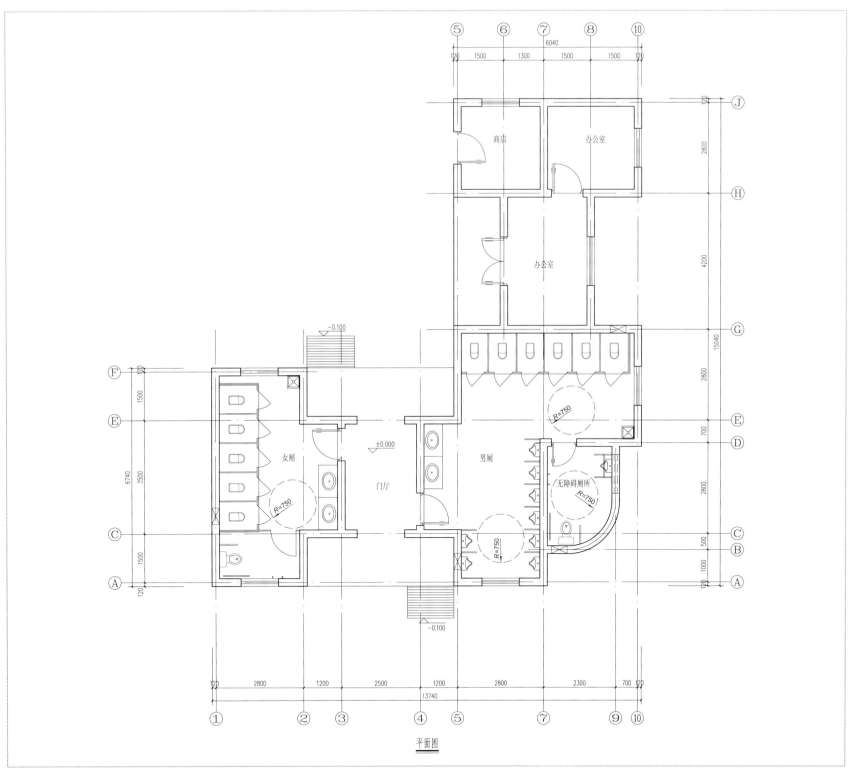

平面图

139

中国人居环境范例奖　迪拜国际最佳范例奖

33号公厕

SHEJI TULI

设计图例

33号公厕位于临汾市区向阳路骆驼巷口。
砖混结构，层高3.6m，建筑面积100m²，厕位总量24个。

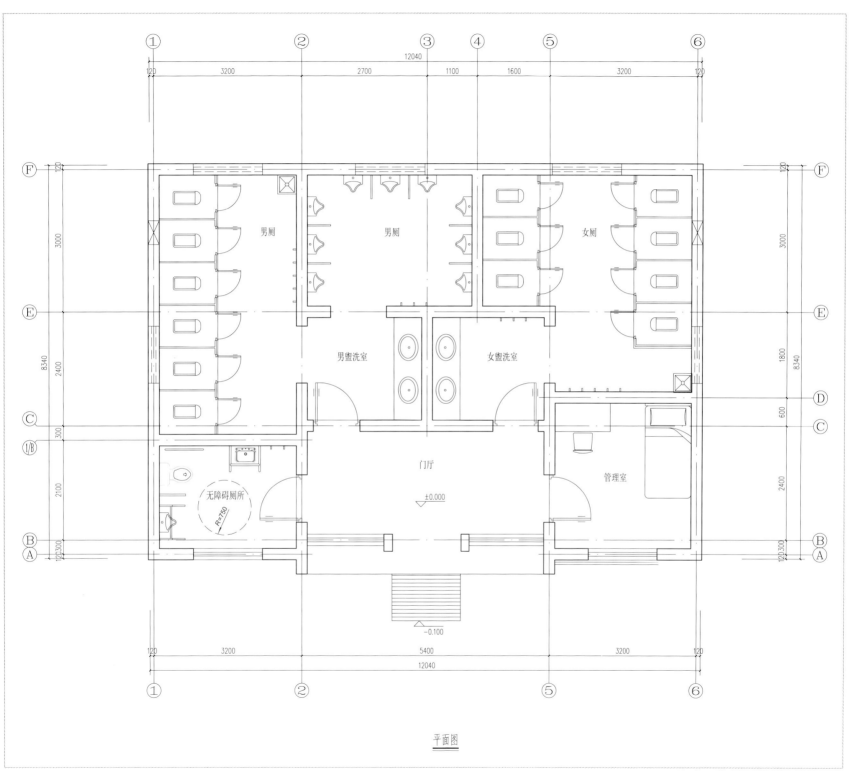

平面图

143

中国人居环境范例奖　迪拜国际最佳范例奖

34号公厕 SHEJI TULI 设计图例

34号公厕位于临汾市区贡院东街与迎春街十字路口。

砖混结构，层高3.6m，建筑面积118m^2，厕位总量20个。

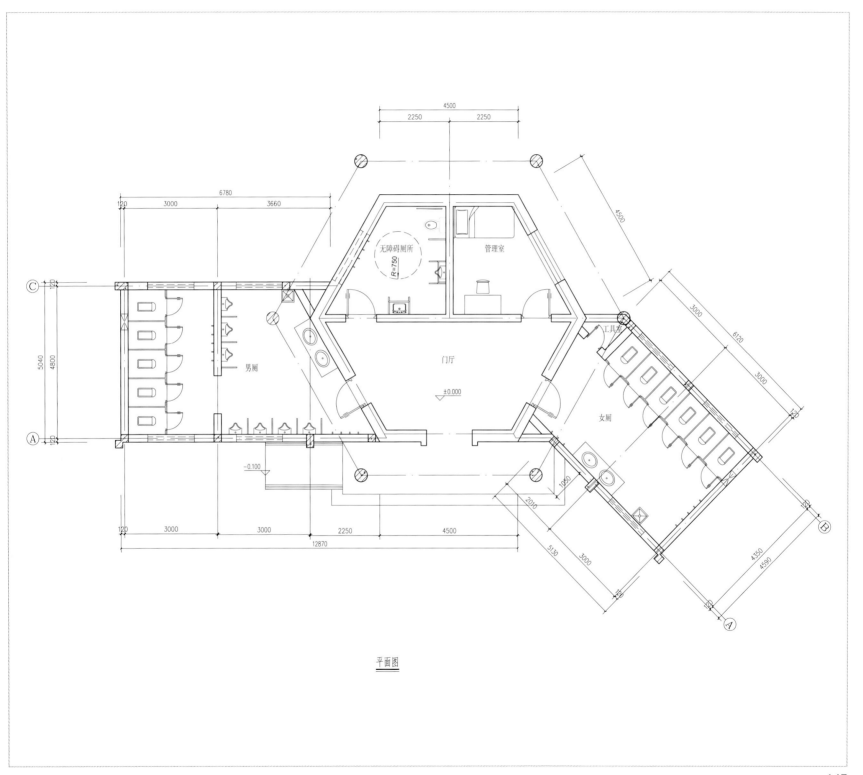

4500
2250 2250

6780
120 3000 3660

4500

无障碍厕所
R=750

管理室

C 120

5040 4800

男厕

门厅

±0.000

工具室

女厕

3000

6120

3000

125

A 120

−0.100

1050

2010

120 3000 3000 2250 4500

12870

5130 3000

4350

4590

B

A

平面图

147

中国人居环境范例奖　迪拜国际最佳范例奖

35号公厕 SHEJI TULI 设计图例

35号公厕位于临汾市区中大街与古城路十字路口。
砖混结构，层高3.6m，建筑面积143m²，厕位总量22个。

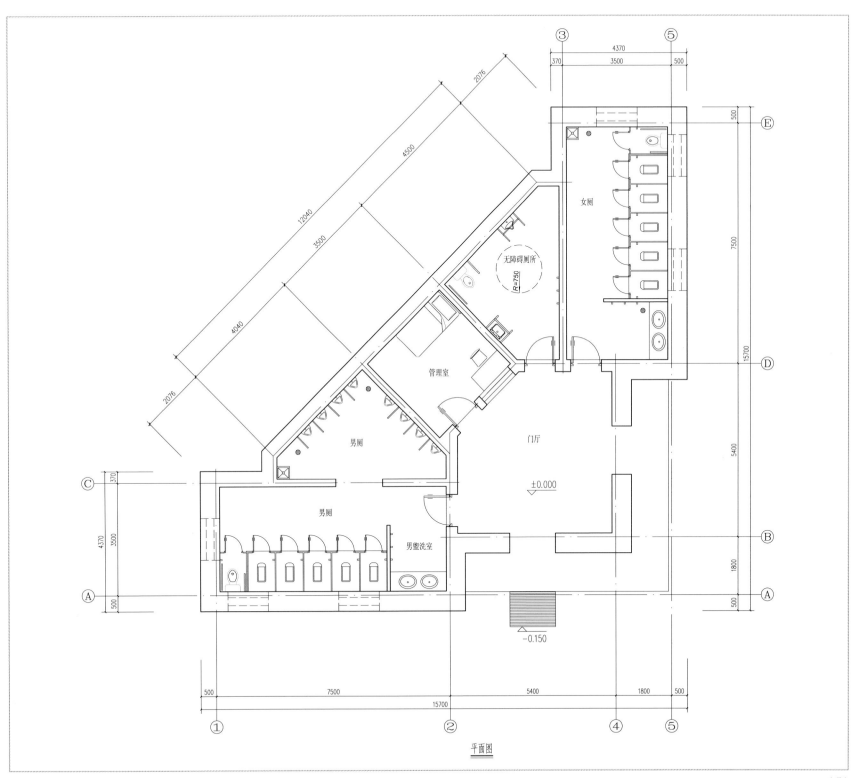

平面图

151

中国人居环境范例奖　迪拜国际最佳范例奖

36号公厕

SHEJI TULI

设计图例

36号公厕位于临汾市区解放路生龙国际。
砖混结构，层高3.6m，建筑面积153m^2，厕位总量23个。

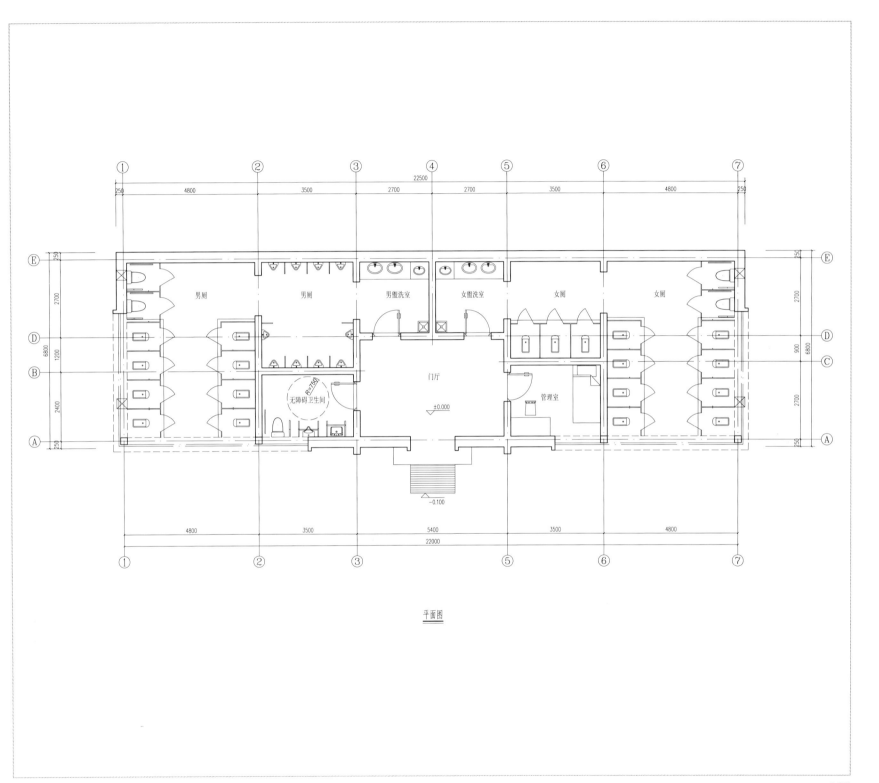

平面图

155

中国人居环境范例奖　迪拜国际最佳范例奖

37号公厕 SHEJI TULI
设计图例

37号公厕位于临汾市区解放东路文理学院对面。
砖混结构，层高3.6m，建筑面积119m²，厕位总量25个。

158

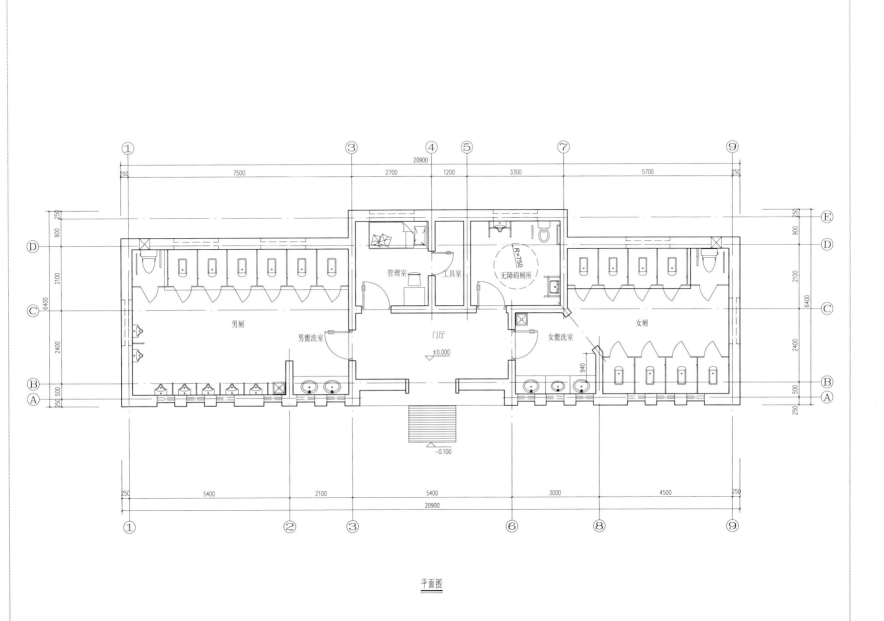

平面图

159

中国人居环境范例奖　迪拜国际最佳范例奖

38号公厕

SHEJI TULI

设计图例

38号公厕位于临汾市区广宣街尧都交警队南侧。
砖混结构，层高3.6m，建筑面积92m²，厕位总量19个。

公共卫生间 TOILET

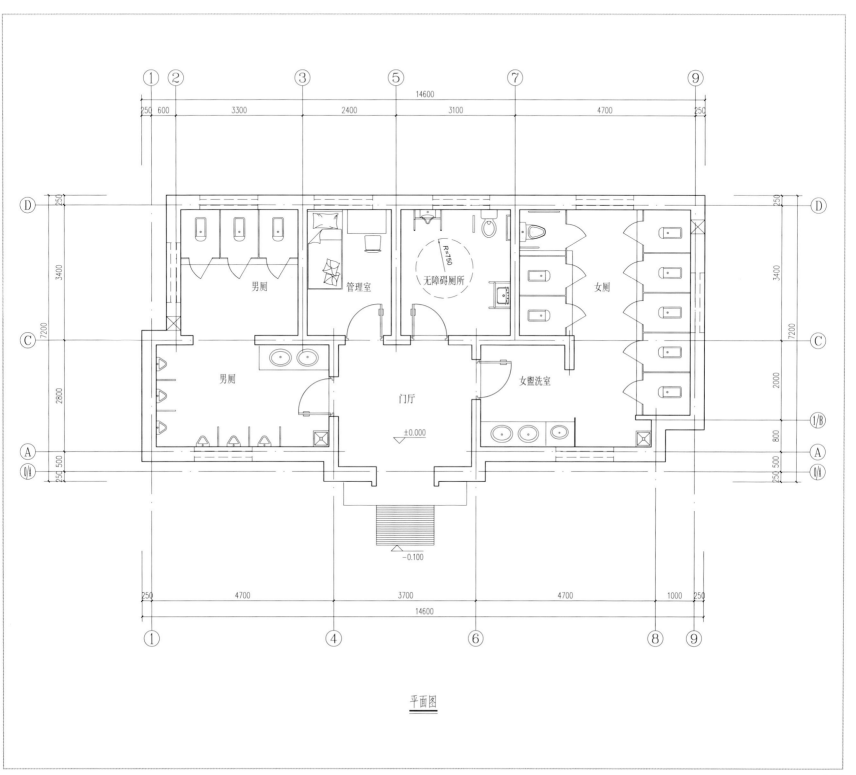

平面图

163

中国人居环境范例奖　迪拜国际最佳范例奖

39号公厕 SHEJI TULI 设计图例

39号公厕位于临汾市区车站街与平阳北街十字路口。
砖混结构，层高3.6m，建筑面积81m^2，厕位总量18个。

公共卫生间
TOILET

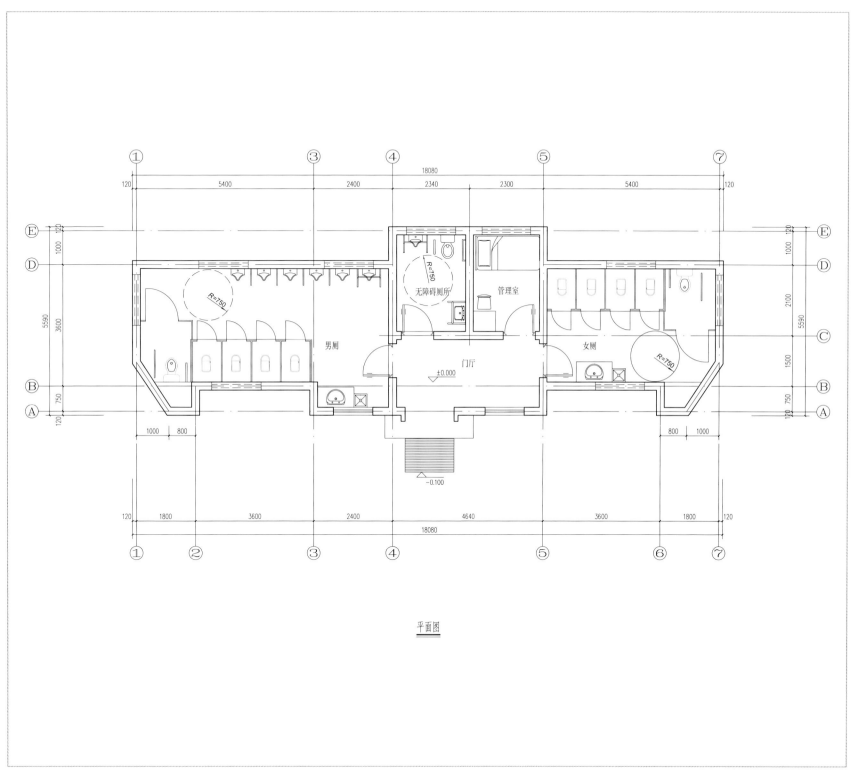

平面图

中国人居环境范例奖　迪拜国际最佳范例奖

40号公厕 SHEJI TULI 设计图例

40号公厕位于临汾市区贡院街与体育街十字路口西北角。
框架结构，层高3.6m，建筑面积93m^2，厕位总量18个。

GUO JI ZUI JIA FANLI JIANG

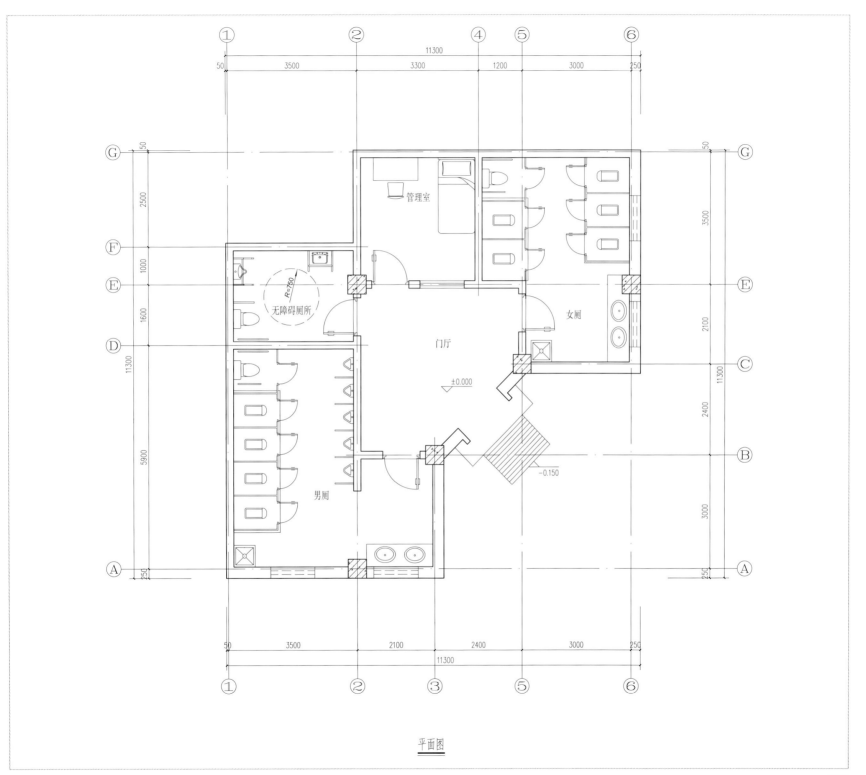

平面图

171

临汾市区
公厕大观
LINFEN GONGCE

临汾市区
公厕大观
LINFEN GONGCE

临汾公厕靓丽夜景

鼓楼南大街公厕

图书在版编目（CIP）数据

锦绣公厕：城市公厕设计范例图集 / 石文红主编 . —北京：中国城市出版社，2017.7

ISBN 978 7 5074-3099-8

Ⅰ.①锦… Ⅱ.①石… Ⅲ.①城市公共设施—卫生间—建筑设计—图集 Ⅳ.①TU242.9-64

中国版本图书馆CIP数据核字（2017）第099530号

责任编辑：杜　洁　李玲洁　欧阳东
装帧设计：王　燕　明　桦
责任校对：王　烨　焦　乐

锦绣公厕——城市公厕设计范例图集

主　编　石文红
　　＊
中国城市出版社出版、发行（北京海淀三里河路9号）
各地新华书店、建筑书店经销
北京京点图文设计有限公司制版
北京顺诚彩色印刷有限公司印刷
　　＊
开本：787×1092毫米　横 1/16　印张：11¼　字数：211 千字
2017 年 7 月第一版　2017 年 7 月第一次印刷
定价：**98.00** 元
ISBN 978-7-5074-3099-8
　　（904035）